河南省工程建设标准

镀锌C型钢支吊架技术规程

Technical Code for Supports and Hangers of Zinc Coated C Section Steel

DBJ41/T182－2017

主编单位:中国建筑第七工程局有限公司
批准单位:河南省住房和城乡建设厅
施行日期:2017年12月1日

黄河水利出版社
2017　郑州

图书在版编目(CIP)数据

镀锌C型钢支吊架技术规程/中国建筑第七工程局有限公司主编.—郑州:黄河水利出版社,2017.11

ISBN 978-7-5509-1893-1

Ⅰ.①镀… Ⅱ.①中… Ⅲ.①镀锌钢管-轻型钢结构-吊架-技术规范-河南 Ⅳ.①TU392.5-65

中国版本图书馆CIP数据核字(2017)第286245号

出 版 社:黄河水利出版社

地址:河南省郑州市顺河路黄委会综合楼14层 邮政编码:450003

发行单位:黄河水利出版社

发行部电话:0371-66026940、66020550、66028024、66022620(传真)

E-mail:hhslcbs@126.com

承印单位:河南瑞之光印刷股份有限公司

开本:850 mm×1 168 mm 1/32

印张:1.875

字数:47千字 印数:1—2 000

版次:2017年11月第1版 印次:2017年11月第1次印刷

定价:20.00元

河南省住房和城乡建设厅文件

豫建设标〔2017〕79号

河南省住房和城乡建设厅关于发布河南省工程建设标准《镀锌C型钢支吊架技术规程》的通知

各省辖市、省直管县(市)住房和城乡建设局(委),郑州航空港经济综合实验区市政建设环保局,各有关单位:

由中国建筑第七工程局有限公司主编的《镀锌C型钢支吊架技术规程》已通过评审,现批准为我省工程建设地方标准,编号为DBJ41/T182－2017,自2017年12月1日起在我省施行。

此标准由河南省住房和城乡建设厅负责管理,技术解释由中国建筑第七工程局有限公司负责。

河南省住房和城乡建设厅

2017年10月30日

前 言

根据河南省住房和城乡建设厅《关于印发2015年度河南省工程建设标准制订修订计划的通知》(豫建设标〔2015〕25号)的有关要求,规程编制组结合河南省实际情况,经广泛调查研究,认真总结实践经验,并在广泛征求意见的基础上,通过反复讨论、修改和完善,制定本规程。

本规程共7章,主要技术内容包括总则、术语和符号、基本规定、设计、制作、安装、验收。

本规程由河南省住房和城乡建设厅负责管理,由中国建筑第七工程局有限公司负责具体技术内容的解释。在执行时如需修改和补充,请将意见寄送中国建筑第七工程局有限公司(地址:郑州市城东路108号中建大厦,邮编:450004),以供今后修改。

主编单位:中国建筑第七工程局有限公司

参编单位:中建中原建筑设计院有限公司
河南省建筑科学研究院有限公司
中建七局第四建筑有限公司

编制人员:焦安亮 陈胜文 黄延铮 苏方毅
王宇光 孙忠国 冯大阔 王 强
张中善 何海英 翟国政 张培聪
曹战峰 李芒原 张传浩 杨敬轩
张军校 文利刚 张海东 李佳男
吴玉杰 李 杨 杜 娟 张于治
瞿 凯 杨 超 霍 琰 仝运付
白 皓 罗 浩 温 昊

审查人员:解 伟 季三荣 邱明林 吕桂峰
吴纪东 黄建设 周凤翔

目　次

1 总　则

1.0.1 为规范镀锌C型钢支吊架设计、制作、施工及验收，做到设计标准化，产品工厂化、装配化施工，制定本规程。

1.0.2 本规程适用于房屋建筑与工业安装工程中电气工程、给水排水及采暖工程、通风与空调工程、建筑智能化工程等镀锌C型钢支吊架的设计、制作、施工和验收。

1.0.3 适用于地震设防烈度≤8度的地区。

1.0.4 镀锌C型钢支吊架的设计、制作、施工及验收，除应符合本规程的规定外，尚应符合国家现行有关标准的规定。

2 术语和符号

2.1 术 语

2.1.1 支吊架 supports and hangers

以吊杆、横梁及连接构件组成,用于固定水平或立式管道、设备等的装置。

2.1.2 镀锌C型钢支吊架 supports and hangers of zinc coated C section steel

由镀锌C型钢、吊杆、横梁、托臂、斜撑、螺母螺栓、角连接件、导轨底座、固定支座、滑动支座等组成的支吊架。

2.1.3 镀锌C型钢 zinc coated C section steel

卷边并带有锯齿、表面钝化镀锌的C型槽钢。

2.1.4 吊杆 derrick boom

以镀锌C型钢为材料加工成的竖向构件,或以圆钢加工成两端或一端为丝扣的吊杆。

2.1.5 横梁 crossarm

以镀锌C型钢为材料,加工成的横向构件。

2.1.6 底座 base

固定在主体结构上,用于连接吊杆的构件。

2.1.7 凸缘锁扣螺栓 flang groove lock bolt

用于镀锌C型钢与连接件之间的连接固定。

2.1.8 连接件 connectors

用于吊杆与底座、吊杆与横梁之间连接的构件,主要包括二维、三维、角等构件。

2.2 符　号

2.2.1 材料性能

Q235B——普通碳素结构钢

2.2.2 作用和作用效应

E——弹性模量

f——钢材强度设计值

F ——垂直荷载标准值

f_v——钢材的抗剪强度设计值

G——剪切模量

I_x——截面惯性矩

M_x、M_y——所验算截面绕 x 轴、y 轴弯矩

N——吊杆拉力设计值

r_x、r_y——截面塑性发展系数

S——计算剪力处以上截面对中性轴的面积矩

T——扭矩

V——计算截面沿腹板平面作用的剪力

W_{nx}、W_{ny}——所验算截面对 x 轴、y 轴的净截面抵抗矩

τ——抗剪强度

2.2.3 几何参数

A_n——吊杆截面净面积

t_w——腹板厚度

e_1——距槽口距离

e_2——距槽背距离

Z_m——距剪切中轴距离

3 基本规定

3.1 一般规定

3.1.1 镀锌C型钢支吊架设计使用年限不应低于50年，并应附有检测报告和出厂合格证。

3.1.2 镀锌C型钢支吊架选型应根据设计确定。

3.1.3 镀锌C型钢支吊架安装间距应符合现行国家标准《建筑给水排水及采暖工程施工质量验收规范》GB50242、《通风与空调工程施工质量验收规范》GB50243、《建筑电气工程施工质量验收规范》GB50303、《智能建筑工程质量验收规范》GB50339的规定和设计要求。

3.1.4 镀锌C型钢支吊架的构件之间应有可靠的连接、锚固或支撑，支吊架应具有良好的承载力、刚度和稳定性。

3.1.5 镀锌C型钢支吊架与主体结构应进行可靠连接。

3.2 材 料

3.2.1 支吊架和构配件应进行钝化热浸锌防腐处理，镀锌层厚度不应小于70 μm。

3.2.2 镀锌C型钢材料应采用Q235B钢板，钢板厚度不应小于2 mm。许用抗剪强度应不小于许用抗拉强度的1/2。

3.2.3 连接件应采用Q235钢板制作，钢板厚度不应小于4 mm。

3.2.4 凸缘锁扣螺栓应采用8.8级及以上的高强度螺栓，螺母垫片宽度不应小于17 mm，垫片厚度不应小于2 mm。

3.2.5 焊接各种连接件的焊条应采用E4300～E4313。

4 设　计

4.1 荷　载

4.1.1 支吊架上的荷载，可分为垂直荷载与水平荷载。垂直荷载包括设备、管道、保温材料、水等的自重；水平荷载主要包括设备运输过程中产生的水平荷载等。

4.1.2 垂直荷载标准值应按支吊架间距（1.5 m、3.0 m、6.0 m）计算，支吊架计算荷载应按标准间距的垂直标准荷载乘以1.35的荷载分项系数。

4.1.3 水平荷载应按垂直荷载的30%取值。

4.2 吊　杆

4.2.1 吊杆截面净面积应按下式计算，并应符合现行国家标准《管道支吊架 第3部分：中间连接件和建筑结构连接件》GB/T17116.3的有关规定：

$$A_n \geqslant \frac{1.5N}{0.85f} \tag{4.2.1}$$

式中 A_n——吊杆截面净面积，mm^2；

N——吊杆拉力设计值，N；

f——钢材强度设计值，N/mm^2。

4.2.2 吊杆的设计选型根据荷载重量选择镀锌C型钢作为吊杆时，吊杆型号及其允许拉力、剪力应按表4.2.2选用。

4.2.3 吊杆的设计选型根据荷载重量选择镀锌圆钢作为吊杆时，吊杆型号及其允许拉力、剪力应按表4.2.3选用。

表 4.2.2 C 型钢吊杆拉力、剪力允许值

吊杆型号	MQ21	MQ31	MQ41	MQ41/3	MQ52	MQ72	MQ21D	MQ41D	MQ52/72D
图型	2 21 41.3	2 31 41.3	2 41.3 41.3	3 41.3 41.3	2.5 52 41.3	2.75 72 41.3	41.3 2 41.3	41.3 2 82.6	41.3 2.5 2.75 124
允许拉力（kN）	31.02	37.25	42.88	65.60	63.99	86.33	62.25	85.90	148.03
允许剪力（kN）	17.82	21.51	24.79	37.83	36.96	49.87	35.94	49.62	85.50

注：1. MQ：产品代号（喜利得）；

2. 2、2.5、2.75 表示 C 型钢钢板厚度（单位：mm），21、31 等表示 C 型钢截面高度（单位：mm），41.3 等表示 C 型钢零截面宽度（单位：mm）；

3. D 表示英语 Double（双）C 型钢组合。

表 4.2.3　圆钢吊杆拉力允许值

吊杆直径(mm)	10	12	16	20	24	30
拉力允许值(kN)	3.25	4.75	9.00	14.00	20.00	32.50

4.3　横　梁

4.3.1　横梁抗弯强度应按下式计算,并应符合现行国家标准《管道支吊架 第3部分:中间连接件和建筑结构连接件》GB/T17116.3 的有关规定:

$$1.5\frac{M_x}{r_x W_{nx}} + 1.5\frac{M_y}{r_y W_{ny}} \leqslant 0.85f \qquad (4.3.1)$$

式中　r_x、r_y——截面塑性发展系数;

M_x、M_y——所验算截面绕 x 轴、y 轴弯矩,N · mm;

W_{nx}、W_{ny}——所验算截面对 x 轴、y 轴的净截面抵抗矩,mm^3;

f——钢材抗拉强度设计值,N/mm^2。

4.3.2　横梁抗剪强度应按下式计算,并应符合现行国家标准《管道支吊架 第3部分:中间连接件和建筑结构连接件》GB/T17116.3 的规定:

$$\tau = 1.5\frac{VS}{I_x t_w} \leqslant 0.85f_v \qquad (4.3.2)$$

式中　τ——抗剪强度,N/mm^2;

V——计算截面沿腹板平面作用的剪力,N;

S——计算剪力处以上截面对中性轴的面积矩,mm^3;

I_x——截面惯性矩,mm^4;

t_w——腹板厚度,mm;

f_v——钢材的抗剪强度设计值,N/mm^2。

4.3.3　横梁、托臂承载力应按下式计算,并应符合现行国家标准《管道支吊架 第3部分:中间连接件和建筑结构连接件》GB/T17116.3 的有关规定。横梁、托臂型号及荷载允许值应按表4.3.3-1～表4.3.3-3 选用。

表 4.3.3-1　横梁荷载允许值

（单位:kN）

F(kN) L/2 L/2 L 跨度 L(mm)	型号								
	MQ21	MQ31	MQ41	MQ41/3	MQ52	MQ72	MQ21D	MQ41D	MQ52/72D
250	2.53	4.68	7	9.78	12.36	21.75	2.8	5.6	10.8
500	1.27	2.35	3.56	4.90	6.20	10.92	2.8	5.6	10.8
750	0.82	1.56	2.37	3.26	4.13	7.27	2.4	5.6	10.8
1 000	0.45	1.17	1.77	2.44	3.09	5.45	1.8	5.1	10.8
1 250	0.28	0.82	1.41	1.95	2.47	4.35	1.4	4.1	10.2
1 500	0.19	0.57	1.17	1.54	2.05	3.62	1.08	3.24	8.54
1 750	0.14	0.41	0.86	1.12	1.75	3.09	0.78	2.84	7.30
2 000	0.10	0.31	0.65	0.85	1.40	2.69	0.57	2.4	6.35

$$F(\max) \geqslant 1.35F \qquad (4.3.3)$$

式中 F——垂直荷载标准值,kN;

$F(\max)$——垂直荷载计算值,kN。

4.3.3-2 托臂荷载允许值(一) (单位:kN)

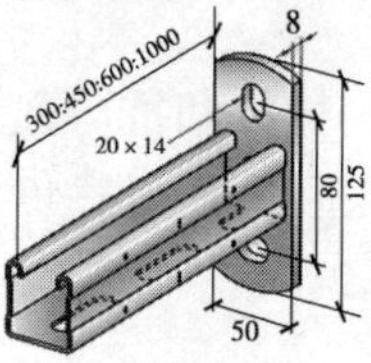300;450;600;1000 8 20 × 14 80 125 50	托臂长度（mm）	荷载类型	
		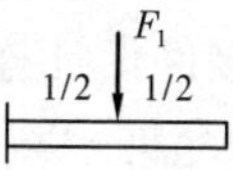F_1 1/2 1/2	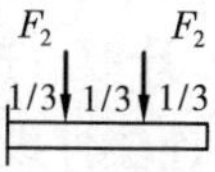F_2 F_2 1/3 1/3 1/3
MQT-21	300	1 050	520
	450	700	310
MQT-41	300	2 950	1 470
	450	1 960	980
	600	1 470	730
	1 000	840	360
MQT-72	450	3 180	1 590
	600	2 380	1 190

表 4.3.3-3 托臂荷载允许值(二) (单位:kN)

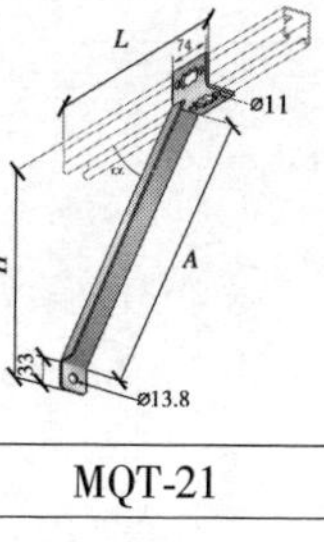L 74 ø11 H A α 33 ø13.8	托臂长度（mm）	荷载类型	
		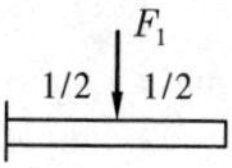F_1 1/2 1/2	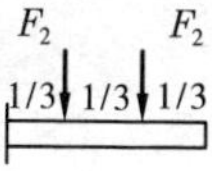F_2 F_2 1/3 1/3 1/3
MQT-21	450	3 410	2 440
MQT-41	450	3 960	3 190
	600	2 960	2 840
	1 000	3 400	1 700
MQT-72	450	6 380	3 190
	600	5 680	2 840

4.4 连接件

4.4.1 连接件焊接部位应采用激光焊接,断面长度应全部焊接,焊缝厚度不应小于 4 mm,焊接部位的许用抗拉和抗剪强度不应小于同种材料的 90% 。

4.4.2 连接件强度计算值应按同种材料许用抗拉和抗剪强度的 50% 计取。连接件设计连接方式应根据荷载形状及荷载负荷选择,连接件设计允许承载力值应符合表 4.4.2-1 ~ 表 4.4.2-4 的规定。

表 4.4.2-1 镀锌 C 型钢吊座允许承载力

底座	固定方式	承载力
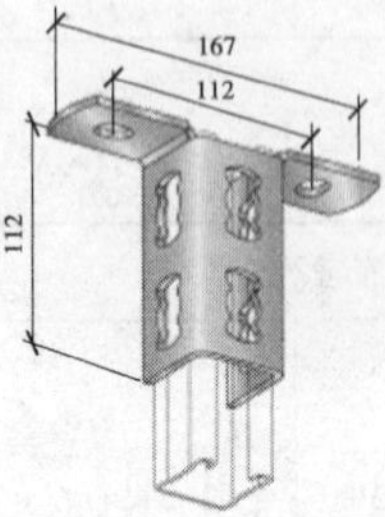	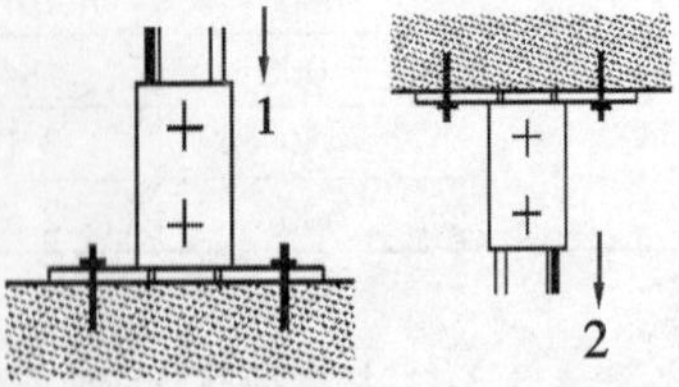	1. $F \leqslant 9.0$ kN 2. $F \leqslant 5.0$ kN
	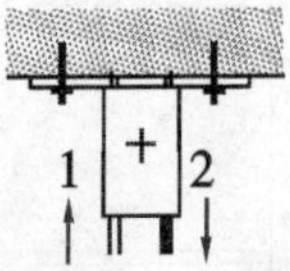	1. $F \leqslant 9.0$ kN 2. $F \leqslant 3.0$ kN

表 4.4.2-2　圆钢吊座允许承载力

型号(吊杆)		吊杆型号	承载力 F 范围
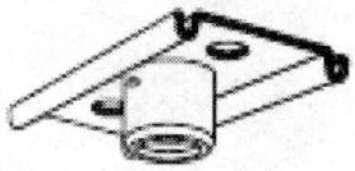	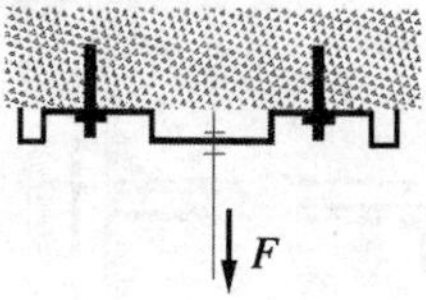	M10	≤2.5 kN
		M12	≤3.5 kN
		M16	≤8.6 kN
		M20	≤13.3 kN
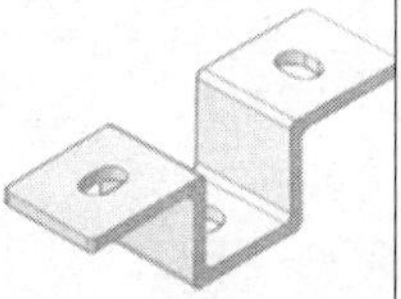	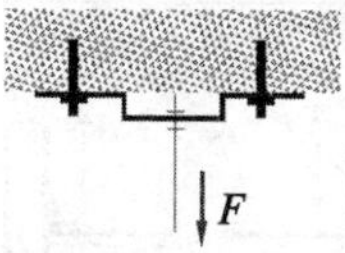	M10	≤3.2 kN
		M12	≤4.6 kN
		M16	≤9.4 kN
		M20	≤14.5 kN

表 4.4.2-3　90°角连接件允许承载力

角连接件	连接方式	承载力
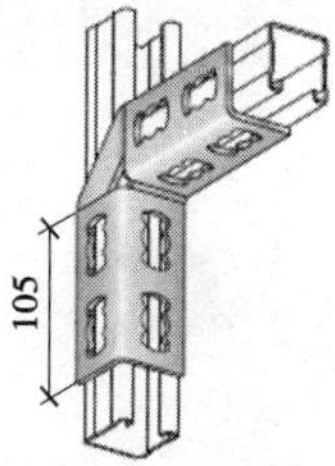 105	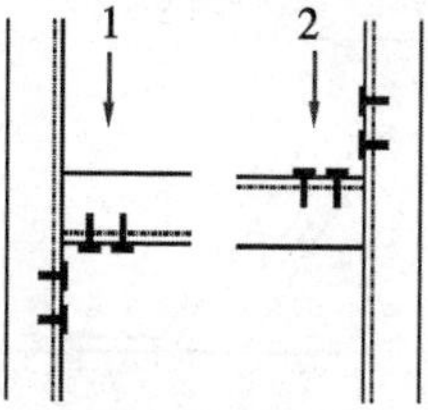 1　2	1. F≤9.0 kN 2. F≤5.0 kN
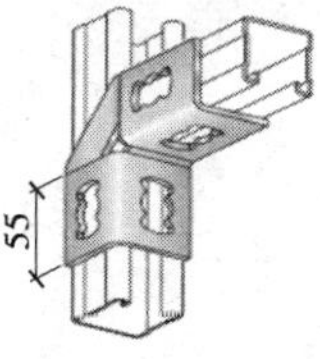 55	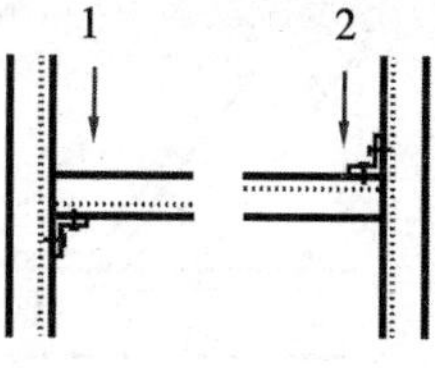 1　2	1. F≤5 kN 2. F≤3.7 kN

续表 4.4.2-3

角连接件	连接方式	承载力
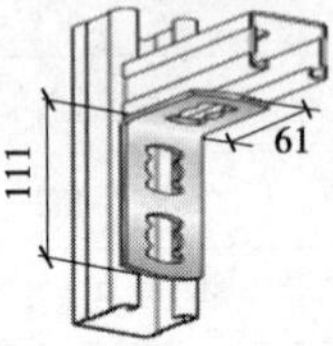 111 61	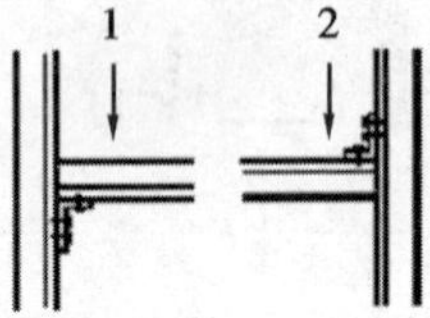 1 2	1. $F \leqslant 6.8$ kN 2. $F \leqslant 2.5$ kN
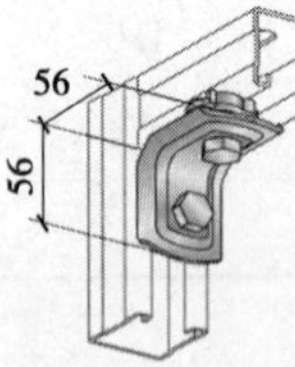 56 56	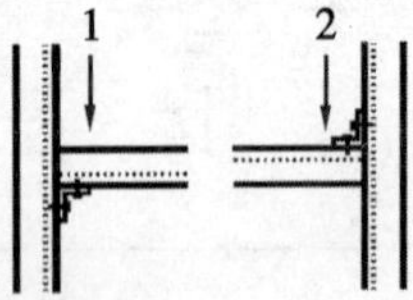 1 2	1. $F \leqslant 4$ kN 2. $F \leqslant 3$ kN

表 4.4.2-4　45°角连接件允许承载力

角连接件	连接方式	承载力
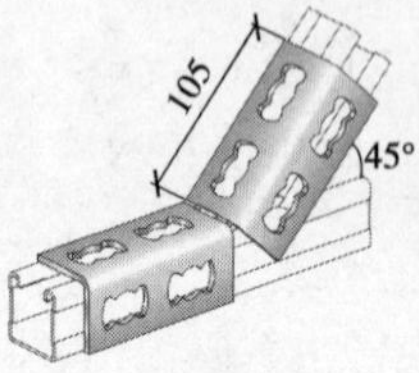 105 45°	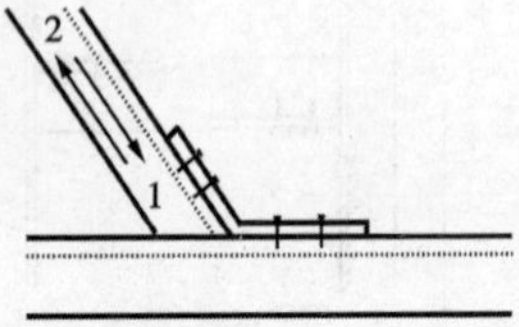 2 1	1. $F \leqslant 9$ kN 2. $F \leqslant 5$ kN
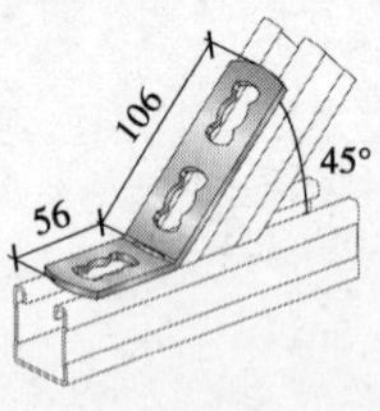 106 45° 56	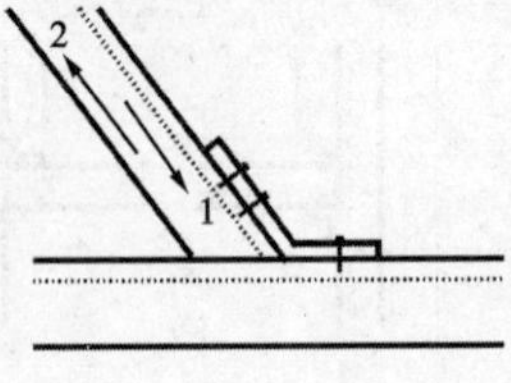 2 1	1. $F \leqslant 7$ kN 2. $F \leqslant 2.5$ kN

续表 4.4.2-4

角连接件	连接方式	承载力
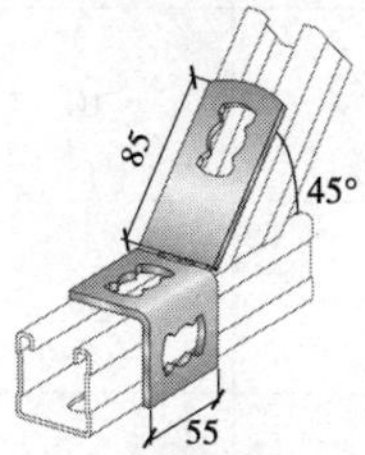 85 45° 55	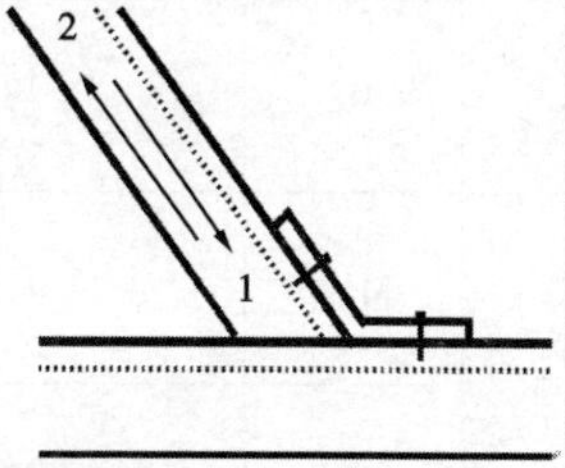 2 1	1. $F \leqslant 4.5$ kN 2. $F \leqslant 3$ kN

4.4.3 钢梁夹具连接件设计宽度不应小于 50 mm,厚度不应小于 4 mm。梁夹连接件允许承载力和锁紧扭矩设计值应符合表 4.4.3 的相关规定。

表 4.4.3 梁夹允许承载力、扭矩

夹具型式	螺栓型号	抗拉承载力(kN)	锁紧扭矩 T(N·m)
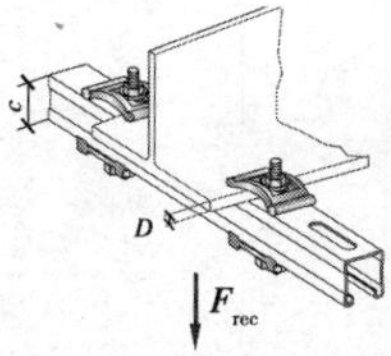 c D F_{rec}	M10	10	40
	M12	15	40
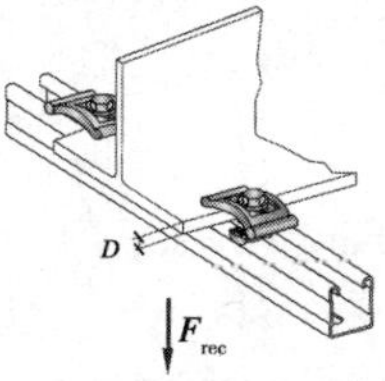 D F_{rec}	M10	10	40
	M12	15	40

续表 4.4.3

夹具型式	螺栓型号	抗拉承载力(kN)		锁紧扭矩 T(N·m)
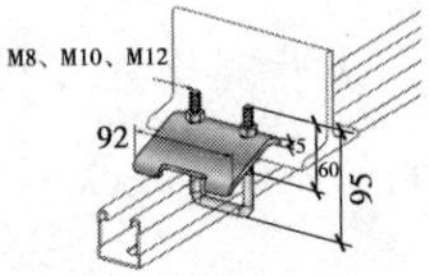	M8	3		10
	M10	4.5		20
	M12	5		30
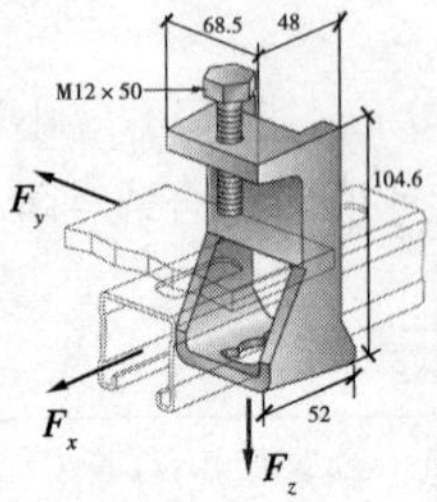	F_z	20		20
	F_x	9		
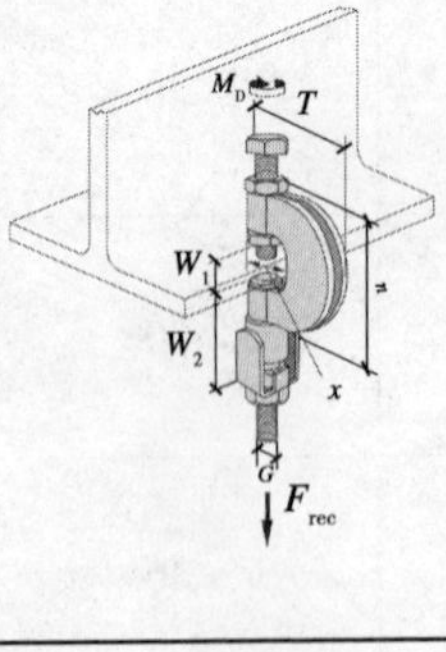		F(≤25°)	F(>25°)	18
	M8	2.5	1.5	
	M10	2.5	1.5	

5 制 作

5.1.1 支吊架材质规格应根据支吊架型式、荷载特征以及安装环境等因素综合考虑选用,并应满足下列要求:

1 C 型钢(见图 5.1.1)应由钢带卷制而成,厚度、条形孔的尺寸、孔距边缘的距离应符合表 5.1.1 的规定。

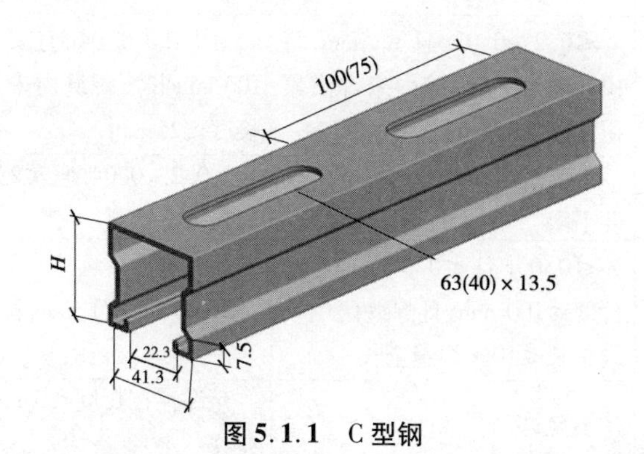

图 5.1.1 C 型钢

表 5.1.1 C 型钢参数

厚度(mm)	孔距(mm)	孔长度(mm)	孔宽(径)(mm)	备注
≥2	100	63	13.5	MQ21(31、41、52、72)
≥2	75	40	13.5	MQ21、MQ41D、MQ52 - 72D

2 支吊架加工尺寸、性能应符合表 5.1.1 和附录 A 的规定。

5.1.2 连接件弯曲部位弯折应一次成型,型钢切割尺寸应精确,切割后端部应用砂轮打磨。

5.1.3 底座或连接件等焊接方法、焊接质量、检验方法应符合下列规定：

1 底座或连接件等焊接部位应采用激光焊接。

2 焊件焊接部位断面应全部焊接，焊缝厚度不应小于 4 mm，焊缝质量等级不应低于二级，焊缝的外观质量应符合表 5.1.3 的规定，并应符合现行国家标准《钢结构焊接规范》GB50661 的有关规定。

表 5.1.3 焊缝的外观质量

检测项目	焊缝质量等级	
	二级	三级
未焊满	≤0.2+0.02t 且≤1 mm，每 100 mm 长度焊缝内未焊满累积长度≤25 mm	≤0.2+0.04t 且≤2 mm，每 100 mm 长度焊缝内未焊满累积长度≤25 mm
根部收缩	≤0.2+0.02t 且≤1 mm，长度不限	≤0.2+0.04t 且≤2 mm，长度不限
咬边	≤0.05t 且≤0.5 mm，连续长度≤100 mm，且焊缝两侧咬边总长≤10% 焊缝全长	≤0.1t 且≤1 mm，长度不限
裂纹	不允许	允许存在长度≤5 mm 的弧坑裂纹
电弧擦伤	不允许	允许存在个别电弧擦伤
接头不良	缺口深度≤0.05t 且≤0.5 mm，每 1 000 mm 长度焊缝内不得超过 1 处	缺口深度≤0.1t 且≤1 mm，每 1 000 mm 长度焊缝内不得超过 1 处
表面气孔	不允许	每 50 mm 长度焊缝内允许存在直径≤0.4t 且≤3 mm 的气孔 2 个；孔距应大于或等于 6 倍孔径
表面夹渣	不允许	深≤0.2t，长≤0.5t 且≤20 mm

注：表中 t 为母材厚度，本表参考国家标准《钢结构焊接规范》GB50661 确定。

3　焊缝应采用超声波进行抽检,每批抽检比例应不小于20%,其合格等级应为现行国家标准《焊缝无损检测超声检测技术、检测等级和评定》GB11345 B级检验的Ⅲ级及Ⅲ级以上。

4　裂纹检测以目测方式,辅以5倍放大镜并在适合的光照条件下进行。

5.1.4　钢材除锈等级应符合现行国家标准《涂覆涂料前钢材表面处理 表面清洁度的目视评定 第1部分:未涂覆过的钢材表面和全面清除原有涂层后的钢材表面的锈蚀等级和处理等级》GB/T8923.1中Sa2.5等级的规定。

5.1.5　C型钢、底座及连接件等构件热浸镀锌表面应致密、均匀、光滑,镀锌层厚度应一致,并应符合现行国家标准《金属覆盖钢铁制件热浸镀锌层技术要求及试验方法》GB/T13912的有关规定。构件镀锌层允许厚度及检验方法见表5.1.5。

表5.1.5　构件镀锌层允许厚度及检验方法

构件及厚度(mm)	镀锌层局部厚度(μm)(min)	镀锌层平均厚度(μm)(min)	厚度检验方法	锌层附着力检验方法
$2\leqslant t\leqslant 4$	55	70	磁性法	划线、划格法

5.1.6　镀锌C型钢加工允许偏差应符合表5.1.6的相关规定。

表5.1.6　镀锌C型钢加工允许偏差

序号	名称		偏差(mm)	检验方法
1	厚度		±0.1	游标卡尺检查
2	宽度		±0.5	游标卡尺检查
3	高度		±1	尺量检查
4	条形孔	孔距	±1	尺量检查
		孔径	±0.1	游标卡尺检查

6 安 装

6.1 一般规定

6.1.1 安装前应具备下列条件：

1 施工作业场地模板、支撑架等拆除、清理完，地面平整、楼板顶部抹灰、涂料涂刷结束。

2 施工图纸和其他技术文件应齐全。

3 施工图纸应已优化，支吊架应经过受力验算。

4 施工方案应已批准，并已进行技术交底。

5 材料、机具和施工人员等准备工作就绪，应能保证正常施工。

6.1.2 材料验收应符合下列规定：

1 镀锌C型钢、连接件等材料的规格、型号和性能应符合设计规定，并应有质量合格证明文件。

2 镀锌C型钢、连接件表面应完好无损，焊缝应无砂眼、虚焊，镀锌层应均匀、厚度应一致。

6.1.3 材料贮存应符合下列规定：

1 材料应分类放置，在地面上放置时应垫板。

2 贮存场地应有防雨、防水措施。

6.2 支吊架安装

6.2.1 支吊架应固定在承重结构上，安装部位应符合下列规定：

1 锚固区结构混凝土强度等级应达到C25或以上，锚固位置应征得混凝土结构原设计单位同意。

2　锚固部位表面应平整、坚实，不应有起壳、起砂、蜂窝、麻面、油污等缺陷。

6.2.2　支架安装位置应正确，安装应牢固、垂直，相同高度的支吊架水平高度应一致，荷载在支架上布置应均匀，间距应均匀，并应符合表6.2.2-1～表6.2.2-3的规定。

表6.2.2-1　钢管管道支吊架的最大间距

公称直径（mm）		15	20	25	32	40	50	70	80	100	125	150	200	250	300
支架的最大间距（m）	保温管	2	2.5	2.5	2.5	3	3	4	4	4.5	6	7	7	8	8.5
	不保温管	2.5	3	3.5	4	4.5	5	6	6	6.5	7	8	9.5	11	12

表6.2.2-2　风管支吊架的最大间距

公称直径或边长（mm）	<400	≥400
支架间距（m）	4	3

表6.2.2-3　电缆桥架支吊架的最大间距

支架安装方式	水平	垂直
支架间距（m）	1.5～3	2

6.2.3　支吊架组装应满足下列要求：

1　固定支吊架的锚栓的承载力不应小于设计荷载的，锚栓固定应垂直于结构面，锚固质量、荷载应符合表6.2.3-1～表6.2.3-3的规定。

表 6.2.3-1 锚栓钻孔允许偏差

锚栓名称	锚孔深度(mm)	锚孔垂直度	锚孔位置(mm)
后扩底锚栓	+50	±2%	±5

表 6.2.3-2 锚栓钻孔直径允许偏差 (单位:mm)

钻孔直径	8~12	14~18	20~24	26~30
允许偏差	+0.30	+0.40	+0.50	0.60

表 6.2.3-3 锚栓极限允许荷载

螺栓型号	抗拉荷载(kN)静止/悬吊	抗剪荷载(kN)静止/悬吊
M6	2.35/1.67	1.77/1.23
M8	4.31/2.35	3.24/1.77
M10	6.86/4.31	5.12/3.24
M12	10.10/6.36	7.26/5.10
M14	14.56/8.23	10.69/6.18

2 镀锌C型钢或圆钢切割时端面应垂直,端面毛刺应打磨光滑,切割端口处应做防腐处理。

3 拼装组合时,连接件的安装方向、位置应正确,各连接件的固定连接锁扣孔应全部安装锁扣螺栓;锁扣与螺母应保持水平,并应接触紧密。

4 组装时锁扣螺栓应选择标准型号M10、M12,允许承载力应符合表6.2.3-4的规定。

表 6.2.3-4 锁扣螺栓允许承载力

型号	抗拉承载力(kN)	抗剪承载力(kN)	锁紧扭矩 T(N·m)
M10	8	5	40
M12	12	6	55

5 连接件安装时应使用扭矩扳手固定,当扳手上指针指示数值或显示值达到相应扭矩值时,且应听到“咔嚓”声音,应确保安装牢固,安装锁扣螺栓锁紧扭矩不应小于表 6.2.3-4 的规定。

6 镀锌 C 型钢和连接件应扣压为一体,然后调整锁扣与螺母水平一致,再对准连接件花孔放入,稍用力向下按,旋转 90°至锁扣螺母与花孔成 90°,最后用扭矩扳手顺时针方向转动螺栓,直到拧紧。锁扣螺栓安装顺序见图 6.2.3。

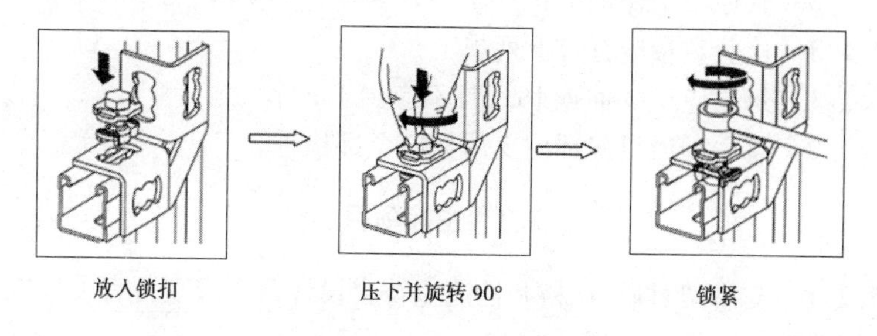

图 6.2.3 锁扣螺栓安装顺序

7 支吊架在钢结构上安装时,应采用钢梁夹具,钢梁夹具与钢梁接触固定距钢梁边缘距离不应小于 20 mm。

8 支吊架在钢结构上生根时,应在钢结构处加背板焊接。

9 支架在有防水要求的屋面或地下室地面安装时,应固定在混凝土支墩上,不得损坏防水层。

10 支吊架下端或水平末端宜安装盖帽。

7 验 收

7.1 一般规定

7.1.1 支吊架验收,应由建设单位或监理单位组织进行。

7.1.2 支吊架验收时,应具备以下技术资料:

1 支吊架竣工图、计算书、设计变更及其他设计文件。

2 支吊架的构件、连接件及其附件的产品合格证、性能检测报告、进场验收记录。

3 其他质量保证资料。

7.1.3 检验数量应符合下列规定:

1 每层应至少抽查1%,且不应少于3个。

2 有震动或机房部位支吊架应全部检查。

7.2 主控项目

7.2.1 支吊架材质、规格和性能应符合设计及国家现行有关标准的规定。

检查数量:每种规格性能应抽检1%,且不应少于5件。

检验方法:检查产品合格证、性能检测报告和材料进场验收记录、试验抽检。

7.2.2 支吊架安装间距应符合设计及国家现行有关规范、标准的规定,间距偏差不应大于0.2 m。

检查数量:每层抽查10%,且不应少于10处。

检验方法:观察、尺量检查。

7.2.3 支吊架各构件组合拼装连接应牢固,紧固螺栓扭矩应符合设计规定以及表4.4.3、表6.2.3-4的规定。

检查数量：每层、每一规格锁扣螺栓应抽查10%，且不应少于10处。

检验方法：扭矩扳手检查。

7.2.4 固定支架的锚栓应固定在承重结构上，不得固定在非承重梁或非实心砖墙上，并应固定在垂直、平整的接触面上，锚栓安装牢固。锚栓型号及承载力应满足设计要求，且锚栓最大承载荷载不应低于锚栓极限允许荷载的80%。

检查数量：按部位，每一种规格的锚栓抽查数量不应少于1%，且不应少于10处。

检验方法：观察检查、拉拔试验检查。

7.2.5 支吊架连接件安装部位应正确。

检查数量：全数检查。

检验方法：观察检查。

7.3 一般项目

7.3.1 支吊架表面应平整、洁净、光滑、致密，不应有起皮、气泡、花斑、局部未镀、划痕等缺陷。

检查数量：每种规格抽检不应少于1%，且不应少于10件。

检验方法：观察，划线、划格法试验检查。

7.3.2 支吊架整体表面、侧面应平整，并应无明显压扁或局部变形等缺陷。支架横梁挠度不应大于表7.3.2规定的50%。

检查数量：全数检查。

检验方法：观察检查、数字挠度测量仪检查。

表 7.3.2　横梁最大挠度允许值　　　（单位:mm）

F(kN) $L/2$　$L/2$ L 跨度(mm)	型号					
	MQ21	MQ31	MQ41	MQ41/3	MQ52	MQ72
250	<1	<1	<1	<1	<1	<1
500	1.6	1.1	1.0	0.9	0.9	0.9
750	3.5	2.2	1.8	2	1.4	1.1
1 000	4.8	4.1	3.2	3.1	2.6	1.9
1 250	6.1	6.0	5.0	5.0	4.1	3
1 500	7.2	7.1	7.1	7.0	6.1	4.3
1 750	8.2	8.1	8.1	8.0	8.0	5.8
2 000	9.2	9.2	9.2	9.2	9.2	7.6

7.3.3　支吊架安装垂直、水平，轴线允许偏差应符合表 7.3.3 规定。

表 7.3.3　支吊架安装允许偏差和检验方法

项目	允许偏差(mm)	检验方法
垂直度	±1	吊线和尺量检查
水平	±2	水平尺检查
轴线	±5	拉线和尺量检查

附录 A 镀锌 C 型钢技术参数

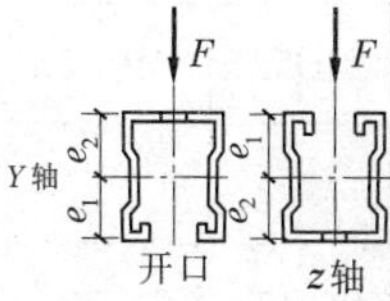	截面					
Y轴 e_2 e_1 开口 F；e_1 e_2 z轴 F	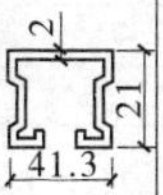 2；21；41.3	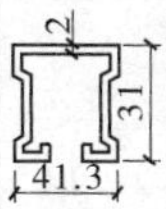 2；31；41.3	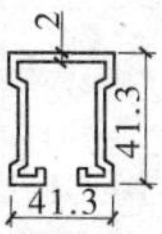 2；41.3；41.3	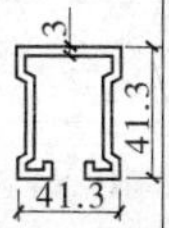 3；41.3；41.3	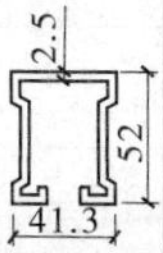 2.5；52；41.3	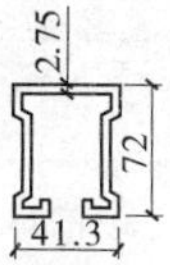 2.75；72；41.3
	MQ21	MQ31	MQ41	MQ41/3	MQ52	MQ72
壁厚(mm)	2	2	2	3	2.5	2.75
屈服强度 f_{yk} (N/mm^2)	290	280	270	290	280	270
允许拉应力 σ_{Zut}(N/mm^2)	188	181	175	188	181	175
允许剪应力 τ_{max} (N/mm^2)	109	105	101	108	105	101
弹性模量 E (N/mm^2)	210 000	210 000	210 000	210 000	210 000	210 000
剪切模量 G(N/mm^2)	81 000	81 000	81 000	81 000	81 000	81 000

Y轴 e_2 e_1 开口 F；z轴 e_1 e_2 F	截面					
	MQ21	MQ31	MQ41	MQ41/3	MQ52	MQ72
Y 轴						
距槽口 e_1 (mm)	10.84	16.01	21.13	21.50	26.67	36.79
距槽背 e_2 (mm)	-9.76	-14.99	-20.17	-19.78	-25.33	-35.22
距剪切中轴 Z_m (mm)	-20.5	-31.4	-42	-40	-51.8	-71.1
惯性矩 I_y (cm^4)	0.2	2.6	5.37	7.02	11.41	28.7
容许弯矩 M_y (N·m)	159	295	446	614	778	1 368
Z 轴						
惯性矩 I_z (cm^4)	4.39	5.83	7.33	10.44	10.79	15.40
抵抗矩 W_z (N·m)	2.13	2.82	8.55	5.06	5.23	7.46

附录 B　梁侧面安装图例

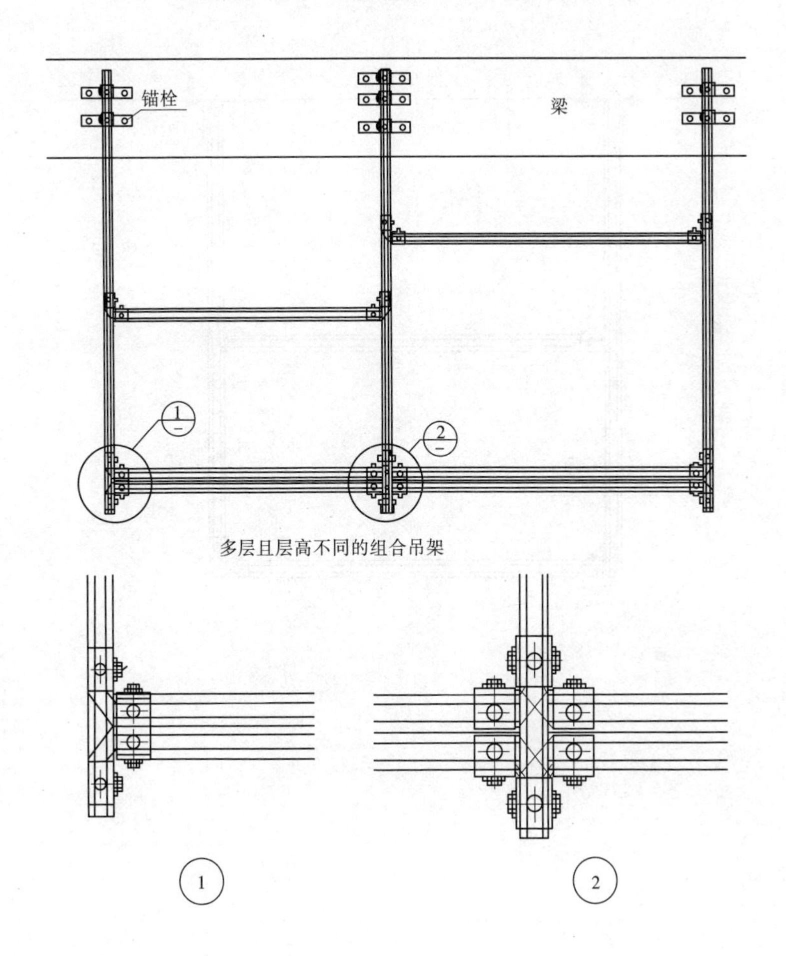

多层且层高不同的组合吊架

附录C 顶板安装图例

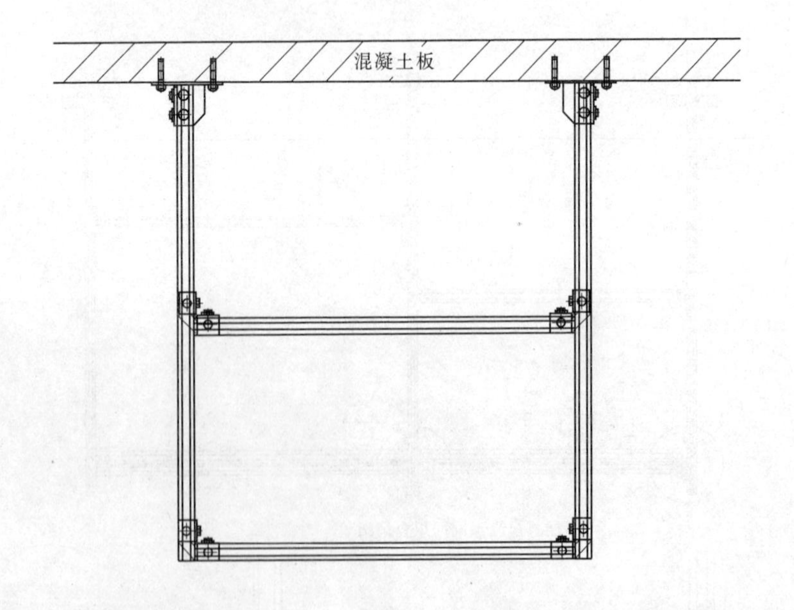

本规程用词说明

1 为便于在执行本规程条文时区别对待,对要求严格程度不同的用词说明如下:

1)表示很严格,非这样做不可的:

正面词采用“必须”,反面词采用“严禁”。

2)表示严格,在正常情况下均应这样做的:

正面词采用“应”,反面词采用“不应”或“不得”。

3)表示允许稍有选择,在条件许可时首先应这样做的:

正面词采用“宜”,反面词采用“不宜”。

4)表示有选择,在一定条件下可以这样做的,采用“可”。

2 条文中指明应按其他有关标准、规范执行的写法为:“应符合……的规定”或“应按……执行”。

引用标准名录

1 《建筑给水排水及采暖工程施工质量验收规范》GB50242

2 《通风与空调工程施工质量验收规范》GB50243

3 《建筑电气工程施工质量验收规范》GB50303

4 《智能建筑工程质量验收规范》GB50339

5 《管道支吊架 第3部分:中间连接件和建筑结构连接件》GB/T17116.3

6 《涂覆涂料前钢材表面处理 表面清洁度的目视评定 第1部分:未涂覆过的钢材表面和全面清除原有涂层后的钢材表面的锈蚀等级和处理等级》GB/T8923.1

7 《钢结构焊接规范》GB50661

8 《金属覆盖 钢铁制件热浸镀锌层 技术要求及试验方法》GB/T13912

9 《室内管道支架及吊架的选用与安装》03S402

10 《装配式室内管道支吊架》16CK208

11 《钢焊缝手工超声波探伤方法及质量分级法》GB11345

河南省工程建设标准

镀锌C型钢支吊架技术规程

DBJ41/T182－2017

条 文 说 明

目 次

1 总 则

1.0.1 在生产建设中各种支吊架种类繁多,大多是传统生产工艺,工艺落后、能耗多、环境污染大。随着科技水平的发展,镀锌C型钢支吊架作为一种新产品逐渐用于生产建设,替代传统现场加工类支吊架,并得到广泛运用。

镀锌C型钢支吊架具有实现生产工厂化、装配式优点,提高生产建设工业化水平高、减少现场作业量、减少材料消耗、减少烟尘等优点,有利于提高建筑质量、提高生产效率、降低成本、实现节能减排和保护环境的目的。

为落实"技术、经济、节能、环保"的基本国策,推动河南省建筑产业现代化进程,提高生产工厂化、安装装配化水平,制定本规程。

1.0.2 本规程是针对河南省的装配式综合支吊架的设计、制作、安装与验收制定的技术规程。

2 术语和符号

2.1 术 语

2.1.1～2.1.8 镀锌C型钢由钢板(带)卷折成C型,两侧内翻边肋边锯齿(锯齿与凸缘锁扣螺栓螺母上机齿锁合,加大抗滑移系数),机器程序化设定冲孔,通过喷射或抛射除锈后,在C型钢表面进行钝化处理、浸锌,形成一种新型材料。

凸缘锁扣螺栓是一种新型螺栓,螺杆、螺母(螺母为近似长方形、一面有机齿)、锁扣垫片为一体。

各种连接件由钢板卷制、加工、焊接成型,经过除锈浸锌形成用于镀锌C型钢之间的连接部件。

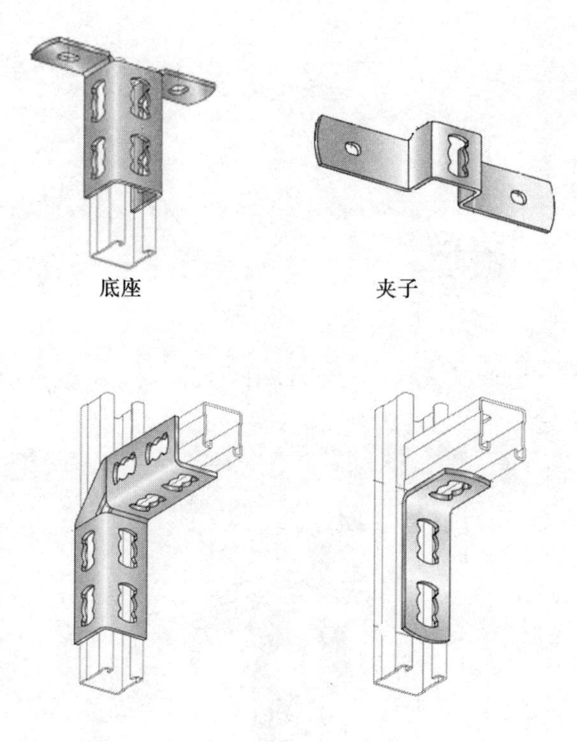

90° 连接件

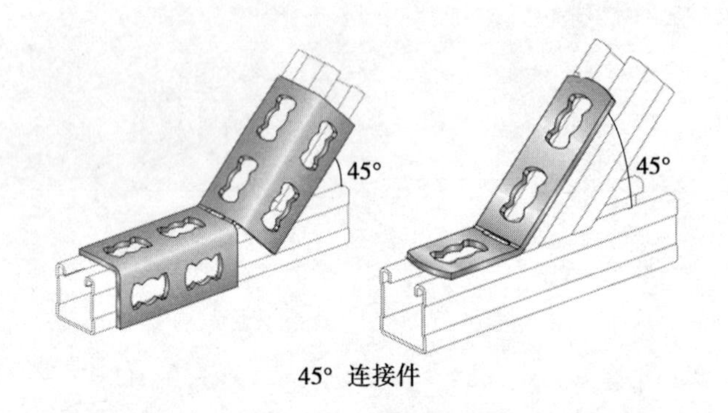

45° 连接件

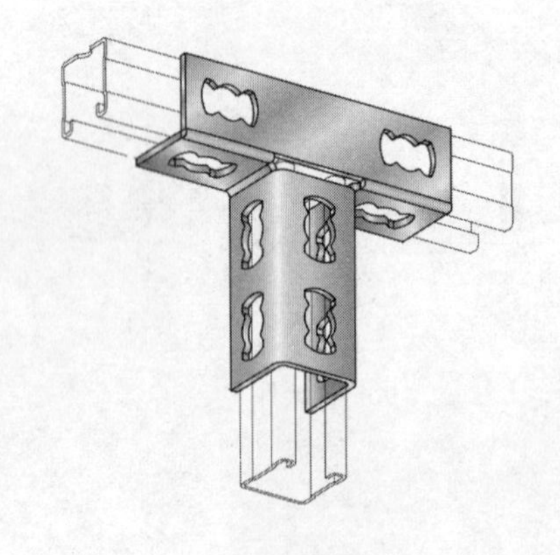

多维度连接件

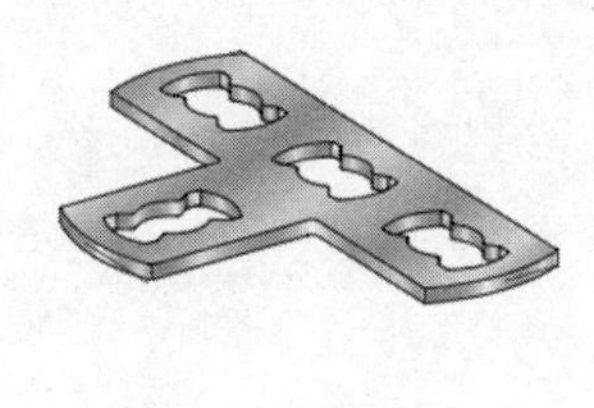

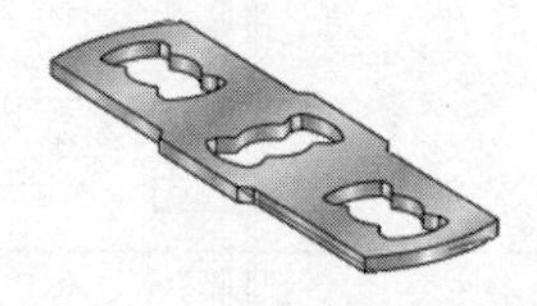
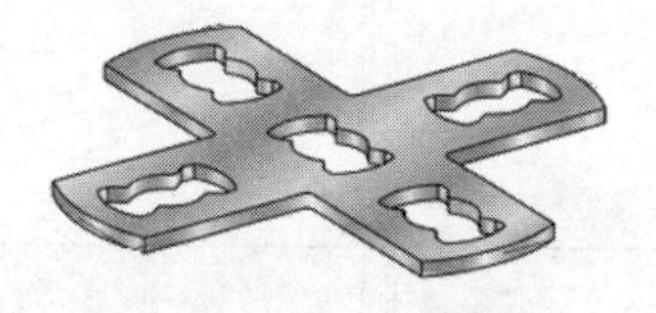

平面连接件

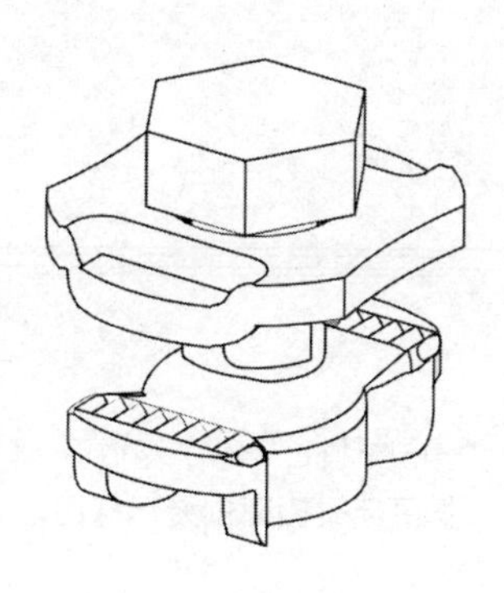

凸缘锁扣螺栓

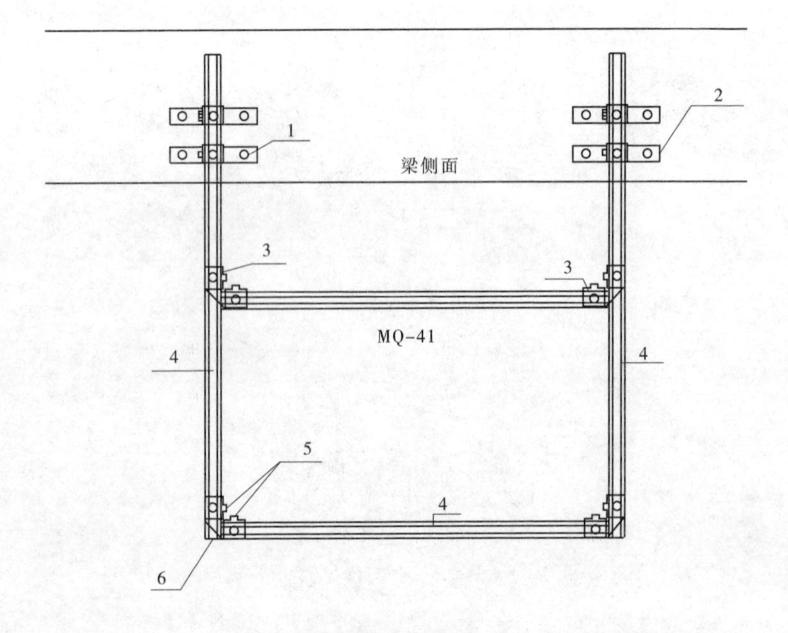

1—锚栓;2—夹子;3—连接件;4—镀锌 C 型钢;5—锁扣螺栓;6—封头

支吊架梁侧面安装示意图

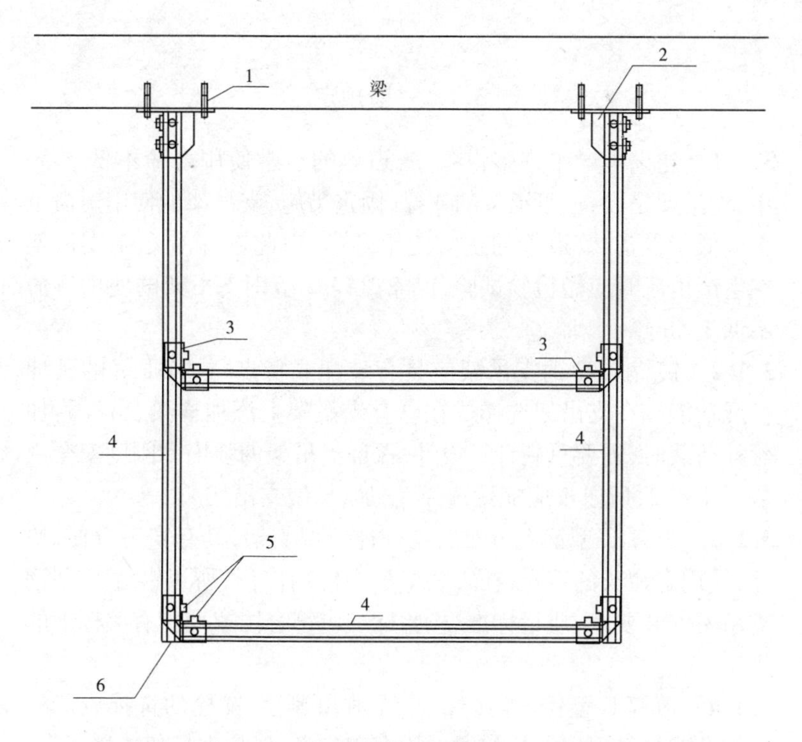

1—锚栓;2—底座;3—连接件;4—镀锌 C 型钢;5—锁扣螺栓;6—封头

支吊架顶板安装示意图

3 基本规定

3.1 一般规定

3.1.1 建设生产中许多设备、管道等的正常使用寿命不低于50年，支吊架是设备、管道等的支撑、固定措施，支吊架的使用寿命也不应低于设备、管道等的正常使用寿命，因此镀锌C型钢支吊架在生产出厂时应做检验试验，保障镀锌C型钢支吊架的使用寿命不低于50年。

3.1.2 镀锌C型钢支吊架应具有装配式特点，具有很好的延伸扩展功能。在支吊架选择或在已有支吊架上添加横梁、吊杆附加额外荷载时，需要重新计算设计，保证支吊架的强度和刚度安全系数不小于2，所以不应随意选择、增加、扩展支吊架。

3.1.3 镀锌C型钢支吊架虽是一种新型支架，具有安装方便、快捷、使用寿命长的特点，在安装工程中使用广泛，所以镀锌C型钢支吊架安装要求、质量标准、检验标准应符合国家现行有关标准的规定。

3.1.4 镀锌C型钢、连接件、凸缘锁扣螺栓、锚栓的选择应严格根据荷载计算、校核，连接时应用专用工具，保障支吊架连接可靠。

固定支吊架的锚栓承载所有荷载（支架自重、设备等），所以锚栓的安全系数很重要，应符合《管道支吊架 第3部分：中间连接件和建筑结构连接件》GB/T17116.3和《装配式室内管道支吊架的选用与安装》16CK208的规定，并按不小于2倍进行核算。

支吊架的刚度主要计算受弯横梁的挠度，如果挠度过大，会使荷载（如管道）的挠度过大，影响设备（如管道）的安全运行，所以受弯横梁的实际承受荷载的允许最大挠度 $L/200$ 不应大于计横梁最大允许挠度的50%(如钢管道自重下一般允许挠度不大于2.5 mm)。

支吊架的稳定性主要核算受压杆件的允许长细比不大于120∶1,根据《材料力学》的欧拉公式,稳定性安全系数一般应不小于8,即要求临界荷载是实际压力荷载的8倍以上。

所以镀锌C型钢支吊架的构件之间应连接可靠,具有良好的承载力、刚度和稳定性。

3.1.5 镀锌C型钢支吊架是用锚栓(膨胀螺栓等金属锚栓)固定在主栓承重结构上,承重结构强度、表面平整度影响锚栓锚固质量,影响锚栓的承载力,所以承重结构强度不够时应补强,表面不平整时应修整,锚栓在承重结构中锚固应牢固、紧密。

3.2 材　料

3.2.1 支吊架在所承受允许荷载条件中,大气自然腐蚀、锈蚀是影响使用寿命的主要因素,所以在设计使用寿命期内应保证支吊架构件没有因腐蚀、锈蚀引起较大的变化。

河南省建筑科学院研究院有限公司经过多次试验、校核验算,构件镀锌层在平均厚度不小于70 μm情况下,支吊架的使用寿命能达到50年以上。同时参考国家标准《金属覆盖钢铁制件热浸镀锌层技术要求及试验方法》GB/T13912、《装配式室内管道支吊架的选用与安装》16CK208的规定,构件镀锌层质量、厚度完全能达到生产、验收要求,所以构件镀锌层厚度规定不应小于70 μm。

3.2.2、3.2.3 镀锌C型钢和连接件应满足承载荷载、强度和刚度的要求,Q235B钢材力学性能好,满足加工要求,原材料厚度过小影响构件的强度、刚度、稳定性,所以通过计算、试验,制作镀锌C型钢材料的钢板厚度不应小于2 mm,制作连接件的钢板厚度不应小于4 mm。

3.2.4 凸缘锁扣螺栓在支吊架中主要承受抗剪和抗拉应力，所以应满足支吊架强度、稳定性和刚度的要求，锁扣螺栓应达到8.8级及以上的高强度螺栓性能，制作螺栓材质应为低碳合金钢或中碳钢并经热处理。

3.2.5 碳钢焊条 E4300～E4313 熔敷金属的化学成分、力学性能与连接件原材相同，有利于焊件焊接部位质量满足焊接部件强度要求。

4 设 计

4.1 荷 载

4.1.1 荷载种类根据安装工程组成、使用特性分类，垂直荷载是安装工程中的主要荷载，水平荷载是设备运输过程中产生的水平荷载及部分倾斜荷载产生的水平荷载。

4.1.2 垂直荷载是以 1.5 m、3.0 m、6.0 m 为间距作为计算标准。由于支吊架在制造、安装过程、气候环境等因素影响会造成支吊架的固有性能降低，因此标准荷载在计算时应乘以 1.35 的安全系数。其他大于标准间距应根据计算调整。

4.1.3 便于水平荷载计算简捷及验算，依据《管道支吊架 第3部分：中间连接件和建筑结构连接件》GB/T17116.3 技术规范，水平荷载按垂直荷载的 30% 取值计算。

4.2 吊 杆

4.2.1 吊杆计算公式截面面积应为截面净面积，不扣除孔、齿等孔隙。

4.2.2、4.2.3 吊杆分为镀锌 C 型钢和镀锌圆钢两种类型，表内允许拉应力和允许剪应力是成品构件的最大允许值，数值通过施加荷载在实验室内取得，当构件厚度（直径）、截面宽度、高度不同时应做试验验算。

4.3 横 梁

4.3.1、4.3.2 横梁在正常使用状态下不应超过塑性变形状态，因此抗弯强度和抗剪强度计算应依据支吊架横梁双向受弯，以及横梁正常使用极限状态塑性变形。

4.3.3 横梁、托臂荷载允许值(kN)表中数值经河南省建筑科学院研究院有限公司试验、核验取得。横梁或托臂通过荷载计算所取得抗拉强度不应大于表内相应数值。

4.4 连接件

4.4.1 连接件是支吊架使用安全的关键节点部件,它的焊接质量严重影响支吊架的整体荷载承载力,所以选择合适的焊接方法是保证焊接质量的关键。

激光焊接工艺能量密度高度集中,焊接时加热和冷却速度极快,热影响区小,焊接应力和变形很小,焊接工艺稳定,焊缝表面和内在质量好,性能高,易于与机器人配合,自动化程度和生产效率高,绿色环保,没有污染。

连接件焊接部分焊缝厚度、强度应符合《管道支吊架 第3部分:中间连接件和建筑结构连接件》GB/T17116.3、《钢结构焊接规范》GB50661 的规定,即焊缝厚度不应小于原材厚度要求,焊接部位的强度试验不应小于母材标准中相应规格规定的下限值。采用激光焊接件的多次试验,焊件强度都能达到母材许用抗拉和抗剪强度的90%以上。

4.4.2 连接件焊接由于焊接方法、焊接工艺、环境等因素影响,焊件焊缝的强度达不到原材的性能要求,为了保证使用安全,焊件焊缝强度计算校核应按50%的焊缝折减系数,即将常规材料的许用抗拉和抗剪强度乘以焊缝折减系数后作为焊缝的许用应力进行校核、选择连接件。

连接件放置部位影响螺栓固定方式,并共同影响支吊架的荷载承载力,表4.4.2-1~表4.4.2-4 的不同安装部位的连接件受力经河南省建筑科学院研究院有限公司试验、核验所取得。因此,在设计和选择时应严格按照连接件安装部位,并参考表中数值计算选择连接件型号、安装部位。

4.4.3 钢梁夹具是固定在钢梁上的一种连接件,所有支吊架承受的荷载通过钢梁夹承受并传导给钢梁,因此钢梁夹强度性能,以及与钢梁接触面积,影响梁钢夹安装牢固程度。钢梁夹与钢梁接触固定面宽度、钢梁夹厚度经过试验校核,宽度不应小于 50 mm、厚度不应小于 4 mm 条件下,螺栓的试验承载力才能达到许用承载力,满足使用安全系数不应小于 2 的要求。

5 制 作

5.1.1 镀锌C型钢加工应符合以下要求：

1 各种镀锌C型钢加工原材的最低厚度、成品镀锌C型钢条形孔的尺寸、孔距边缘的距离等满足要求。原材最低厚度规定是为保证设备对原材弯曲加工成型时的刚度，表面不出现变形，同时满足承载力要求。

单C型钢组合与双C型钢组合型号的条形孔的尺寸、孔距边缘距离不同，为满足双C型钢组合时强度需要，同时因孔径大小对C型钢承载力影响不同，双C型钢组合孔径小，其承载力比单C型钢组合支吊架大，满足重量比较大的荷载要求。

2 加工成型的C型钢在镀锌之前要依据表5.1.1、附录A的规定进行抽样检查、性能试验。只有满足要求的才能进入下一道工序。

5.1.2 本条规定连接件（45°、90°、135°）弯曲时要一次成型，不得多次弯曲，否则会造成弯曲处材料出现疲劳效应，降低连接件承载力。

5.1.3 本条规定了连接件及底座等焊接件的焊接方法——激光焊接，因为激光束能量密度大，加热过程极短，焊点小，热影响区窄，焊接变形小，焊件尺寸精度高，有利于保证焊件的焊接质量。

焊件焊接处内部缺陷采用超声波检测，因为操作程序简单、快速，对各种接头形式的适应性好，对裂纹、未熔合的检测灵敏度高。

如果只用裸眼检查裂纹，则检测不到细小裂纹，采用5倍放大镜能清晰发现比较细小的裂纹。

5.1.4 本条为钢材除锈等级Sa2.5的规定，因为该除锈等级的钢材表面无污物、铁锈等附着物，表面显示均匀的金属光泽，有助于镀锌层的附着且紧密，不易脱落。

5.1.5 本条规定镀锌层厚度允许值及镀锌厚度检验方法。

河南省建筑科学院研究院有限公司把镀锌层不同厚度的支吊架安装在干燥、潮湿部位试验，镀锌层厚度不应小于 70 μm，局部在不小于 55 μm（不大于 0.5%）时，支吊架的使用寿命能达到 50 年以上。

磁性方法是非破坏性检验方法，有助于快速检验。划线法或划格法检验镀锌层附着力，采用尖锐工具在镀锌层面用不小于2 N的力划线，镀锌层不应起皮剥落。镀锌层厚度、致密性是保障支吊架 50 年使用寿命期的关键因素。

5.1.6 镀锌 C 型钢的厚度偏差主要由表面锈蚀和钢带滚压成 C 型过程中拉伸造成厚度变薄，厚度、宽度、高度是影响 C 型钢截面面积的三大因素，截面净面积直接影响 C 型钢的弹性模量和惯性矩，经过试验，厚度、宽度和高度偏差在允许范围内时弹性模量和惯性矩的误差不超过 1%，不影响 C 型钢的承载力和螺栓放入连接。

6 安 装

6.1 一般规定

6.1.1 本条规定施工前应具备的必要条件，如不具备这些条件，不能进行施工。

6.1.2 支吊架构件运抵现场后，施工单位应设专人按种类、规格、尺寸、质量合格文件、设计要求进行验收，对于不能观察确定的应抽样做化验检验。

6.1.3 材料应按规格分类存放有利于管理；材料堆放时材料下面应放置平整垫板，避免地面不平整造成受力不均而变形；设置防雨、防水措施以防止酸性雨、水对镀锌层的腐蚀。所以应有防变形、防雨、防水、防潮等措施。

6.2 支吊架安装

6.2.1 本条规定了锚固区的最低强度以及锚固区表面质量要求，承重结构的强度和锚栓与支架接触面质量直接影响支吊架承载力、牢固性、使用安全性，因此应满足一定强度等级和表面质量要求。

6.2.2 本条规定了镀锌C型钢支吊架安装除满足承载力要求条件外，还应符合现行国家标准《建筑给水排水及采暖工程施工质量验收规范》GB50242、《通风与空调工程施工质量验收规范》GB50243、《建筑电气工程施工质量验收规范》GB50303和《智能建筑工程质量验收规范》GB50339的规定，如表6.2.2-1～表6.2.2-3的规定。

6.2.3 本条规定了支吊架安装须满足以下要求：

1 支吊架固定锚栓的最低安全系数不低于2，因为锚栓在安装过程中受承重结构强度影响可能降低锚栓的承载力，其次支架在安装过程中可能产生额外荷载（如人站在支吊架上面、其他物体临时放在支吊上面等），因此为了保障支吊架的使用安全性和满足使用功能，锚栓选择时必须满足最低安全系数。

2 切割端面必须做防腐处理，避免潮湿环境下镀锌层与铁质发生化学反应，造成支架锈蚀扩大，影响支吊架的安全性和使用寿命。

3 镀锌C型钢支吊架是组合体，依靠各种连接件、螺栓把镀锌C型钢连接成一体作为承载荷载的载体，因为连接件的放置方向、位置直接影响镀锌C型钢的承载力。另外连接件的连接螺栓孔不全部安装严重影响支吊架的承载力和安全性。

5 本条规定紧固连接螺栓的工具采用扭矩扳手，有利于选择、设定扭矩值、直观判断锁扣螺栓连接是否达到设定值。

7 本条规定钢梁夹具与钢梁接触固定距钢梁边缘距离最小值，梁夹压板与钢梁接触面积影响梁夹承载力，距离过小可能在拧紧过程中造成滑脱。

10 镀锌C型钢下端或水平端安装盖帽，首先保障人行走碰撞不致受伤，其次增强观感质量。

7 验 收

7.1 一般规定

7.1.2 本条规定了支吊架验收时应具备的技术资料。

7.1.3 本条规定检验数量及部位要求,机房震动部位的支吊架由于设备运行增加不确定额外荷载,可能对支吊架产生不利影响,所以应全部检查。

7.2 主控项目

7.2.1 镀锌C型钢支吊架是各种构件组合为一体的,各构件的性能是否满足要求,影响整个支吊架承载力和使用安全,所以在进场时应严格检查产品合格证、性能检测报告和材料进场验收记录。抽验各构件性能是否与报告相符。

7.2.3 镀锌C型钢支吊架是装配式螺栓连接结构,螺栓紧固程度严重影响支吊架的承载力和使用安全性,所以应按一定比例抽查,用扭矩扳手检查。

7.2.4 锚栓作为支吊架与混凝土等结构进行锚固连接的重要部件,在非承重结构上锚固,严重影响锚栓的承载力,所以应按一定比例抽查,做拉拔试验检查锚栓最大承载荷载。

7.2.5 支吊架连接件安装部位是否按设计要求放置,影响支吊架的承载力,所以应全数检查。

7.3 一般项目

7.3.2 镀锌C型钢挠度表7.3.2参考《室内管道支架及吊架》

03S402 及河南省建筑科学院研究院有限公司试验研究取值。

支吊架的刚度主要计算受弯横梁的挠度，如果挠度过大，会使荷载（如管道）的挠度过大，影响设备（如管道）的安全运行，所以受弯横梁的实际承受荷载的允许最大挠度 $L/200$ 不应大于计横梁最大允许挠度的 50%（如钢管道自重下一般允许挠度不大于 2.5 mm）。所以，验收应按照设计计算和表中数值全数严格检查。